TRAMIENTO QUIRÚRGICO EN PACIENTES CON INSUFICIENCIA CARDIACA

Eladio Sánchez Domínguez

TRAMIENTO QUIRÚRGICO EN PACIENTES CON INSUFICIENCIA CARDIACA

Eladio Sánchez Domínguez
Cirujano Cardiovascular

© 2012 Eladio Sánchez Domínguez

Reservados todos los derechos. Ni la totalidad ni parte de este libro puede reproducirse o transmitirse por ningún procedimiento sin permiso del autor.

Lulu Press. Raleigh, Carolina del Norte, Estados Unidos.

Primera edición, 1 de marzo de 2012.

ISBN: 978-1-4710-8461-4

Depósito Legal: BA-000076-2012

A Manuela

ÍNDICE

1 INTRODUCCION..7

2 VALVULOPATÍA AÓRTICA 13

3 CIRUGÍA CORONARIA..21

4 VALVULOPATÍA MITRAL..35

5 RECONSTRUCCIÓN VENTRICULAR..................................51

6 BIBLIOGRAFÍA..75

1 INTRODUCCION

La insuficiencia cardiaca congestiva es una de las principales causas de ingresos hospitalarios, y su incidencia está en aumento. A pesar de la gran mejoría en el tratamiento médico hasta el 50% de los pacientes con insuficiencia cardiaca mueren dentro de los tres años desde su presentación (1). El trasplante cardiaco se considera actualmente el tratamiento estándar para pacientes seleccionados con insuficiencia cardiaca terminal, pero tiene una serie de limitaciones: número de órganos disponibles, criterios de selección de los receptores (edad y otros), coste, necesidad de una terapia inmunosupresora prolongada, rechazo, infecciones y arteriosclerosis coronaria del injerto.

En respuesta a estas limitaciones han surgido una variedad de alternativas quirúrgicas, como la cirugía coronaria en pacientes con función cardiaca severamente deprimida, la cirugía mitral, y las técnicas de reconstrucción del ventrículo izquierdo; además de otras alternativas: desfibriladores automáticos implantables, resincronización cardiaca, terapia celular y dispositivos de asistencia ventricular (2).

1.1 Estudio comparativo del trasplate cardiaco y sus alternativas

En un reciente estudio (3) se comparó el coste del trasplante cardiaco y las alternativas quirúrgicas, para lo que se revisaron retrospectivamente 268 pacientes con insuficiencia cardiaca y una fracción de eyección menor de 30%, de los que se sometió a trasplante cardiaco a 86 (se seleccionaron a 52 en estadio 2 de la UNOS), cirugía coronaria 176, reparación valvular mitral a 15 y reconstrucción ventricular 25.

Se observó que el grupo de trasplante cardiaco presentó mas fallo renal agudo, días de ventilación mecánica y reoperaciones por sangrado que el de cirugía coronaria y el de remodelado ventricular. La estancia hospitalaria postoperatoria fue más larga en el grupo de trasplante cardiaco que en el resto. No hubo diferencias significativas en la mortalidad hospitalaria entre los grupos: 5.8% trasplante cardiaco, 3.4% cirugía coronaria, 6.7% reparación mitral y 4% remodelado ventricular. Tampoco fueron significativas las diferencias en la supervivencia media: 67 meses cirugía coronaria, 66 reparación mitral, 54 remodelado ventricular y 70 trasplante cardiaco. Siendo el coste significativa y marcadamente mayor en el grupo de trasplante cardiaco, sin diferencias entre las alternativas.

1.2 El corazón en la insuficiencia cardiaca

El corazón normal tiene una forma elíptica, presentando las fibras una disposición transversal en la región basal y oblicua desde la mitad del ventrículo hacia el apex, esta conformación supone que un 15% de acortamiento de fibras conlleve una fracción de eyección del 60% (4,5). En la insuficiencia cardiaca el corazón adquiere una forma esférica por dilatación apical, suponiendo una pérdida de la oblicuidad de las fibras, debido a ello un 15% de acortamiento de las fibras va a suponer una fracción de eyección de solo el 30%, además de perderse la succión diastólica del llenado ventricular (50% del llenado precoz), por lo que se necesitará mas presión para llenar el ventrículo (6).

En la cardiopatía isquémica la oclusión de la arteria descendente anterior produce la necrosis del apex y septo anterior resultando en la pérdida de la contracción apical, lo que supone que el corazón se haga esférico, alterándose la contracción, y debiendo aumentar la presión diastólica para mantener el llenado diastólico. El resultado es insuficiencia cardiaca y sobrecarga de volumen que amplifica la esfericidad ventricular, simultáneamente aumentan los requerimientos de oxígeno y el estrés de la pared, aumentando el radio ventricular y disminuyendo el espesor de la pared. En la miocardiopatía dilatada no isquémica la única diferencia es la ausencia de una zona isquémica específica, siendo la forma esférica similar a la de la miocardiopatía isquémica.

Los estímulos hemodinámicos crónicos tales como sobrecargas de volumen o presión globales (miocardiopatía dilatada idiopática, hipertensión arterial, enfermedad valvular) o regionales (infarto agudo de miocardio) provocacarían el remodelado ventricular a través del aumento del estrés de la pared, citoquinas, colagenasas, estímulo neurohormonal y estrés oxidativo. El colágeno juega un importante papel en mantener la estructura del corazón, siendo degradado por las colagenasas, que se activan tan solo tras dos horas de la oclusión de una coronaria, cuando todavía no existe infiltrado inflamatorio (10).

Spinale et al muestran en un estudio experimental que tras el cese de la estimulación supraventricular crónica de un modelo de cerdo que le provocó insuficiencia cardiaca, cuatro semanas después la concentración de colágeno se incrementó y hubo una restauración de la forma normal de los ventrículos que se dilataron (8).

Levin et al (9) demostraron la recuperación de la dilatación crónica en pacientes con miocardiopatia dilatada idiopática terminal mediante sistemas de asistencia ventricular durante cuatro meses mientras esperaban trasplante cardiaco. Deduciéndose que al retirar un estado de sobrecarga que ha provocado remodelado ventricular podrían revertir los cambios estructurales.

Reconstruyendo la forma normal del ventrículo se recuperaría la función cardiaca si las fibras cardiacas no estuvieran dañadas irreversiblemente y se sometieran a una correcta protección durante la cirugía.

Los cambios en las fibras musculares son alargamiento y desorganización de los miocitos y destrucción de la estructura colágena. La recuperación de la función cardiaca no sería de esperar si la enfermedad muscular es progresiva y si existe un intervalo prolongado desde el inicio de la enfermedad hasta la intervención quirúrgica para restaurar la forma elíptica del ventrículo (6,7,11).

De todo esto surgen las diferentes técnicas quirúrgicas para la insuficiencia cardiaca de origen isqüemico o no.

2 VALVULOPATÍA AÓRTICA

En la práctica clínica de la cirugía valvular aórtica se plantean dos situaciones conflictivas: el paciente con estenosis aórtica severa con pobre función ventricular y un bajo gradiente, y el paciente con una insuficiencia aórtica severa con severa disfunción del ventrículo izquierdo y dilatación ventricular. Las guías clínicas son claras en el manejo de la patología valvular pero en los casos de disfunción ventricular severa o no son explícitas o muestran los conflictos existentes (12).

Los pacientes con estenosis aórtica severa y bajo gasto cardiaco pueden presentar un modesto gradiente transvalvular máximo (por ejemplo 30 mmHg) a consecuencia de una poscarga excesiva, y son difíciles de distinguir de aquellos con estenosis aórtica ligera o meoderada cuya disfunción ventricular, de otro origen, no mejoraria tras la cirugía. Las fórmulas estándares para calcular la severidad de la estenosis aórtica en los estados de bajo flujo son menos seguras y pueden infraestimar el área valvular. Por lo que las medidas de la ecocardiografía doppler deben confirmarse con otros tests, tales como cateterismo para determinar el gradiente transvalvular, y la ecocardiografía de estrés con dobutamina. Alternativamente el área valvular puede ser calculada durante el ejercicio, pero tanto las ecocardiografías de estrés con ejercicio como con dobutamina deben usarse con precaución, principalmente en los pacientes muy sintomáticos. Una respuesta hemodinámica anormal al ejercicio (por ejemplo hipotensión) es confirmación de estenosis aórtica severa y es una indicación de recambio valvular aórtico. En general, la visualización de una válvula severamente calcificada por ecocardiografía o cateterismo, con confirmación de estenosis aórtica severa mediante dos test, debe ser suficiente para asegurar que existe una estenosis aórtica verdadera.

Los pacientes con insuficiencia aórtica crónica desarrollan unos volúmenes telediastólicos aumentados y una hipertrofia cardiaca excéntrica. Con una severa reducción en la presión de perfusión diastólica ocurre un descenso en el flujo coronario diastólico y algunos pacientes pueden presentar angina, especialmente porque las demandas miocárdicas de oxígeno en estos corazones dilatados es muy grande. El proceso adaptativo lleva a una fibrosis miocárdica, posiblemente como resultado de la isquemia miocárdica. Como continua la insuficiencia aórtica, aumenta el estrés diastólico de la pared sin un mayor aumento en el espesor de la pared, y puede aparecer la desestructuración de los miocitos. Esto conlleva una espiral de eventos, con mayor aumento en el estrés diastólico, daño miocárdico y fibrosis y más deterioro. En este punto surge la pregunta: ¿cuándo se hace irreversible?. Según las guías clínicas los pacientes con fracción de eyección menor del 25% suponen una indicación de clase IIb de cirugía, aunque la consideran una mejor alternativa que el tratamiento médico aislado.

A continuación se presentan tres estudios publicados recientemente sobre patología valvular aórtica en pacientes con función cardiaca severamente deprimida.

En una revisión realizada por McCarthy en la Cleveland Clinic analizó por separado los pacientes con estenosis y con insuficiencia (13). Se dividieron los pacientes con estenosis aórtica en tres grupos: Grupo I: 68 pacientes que se sometieron a recambio valvular aórtico con área valvular menor de 0.75 cm2, fracción de eyección ventricular izquierda menor 35% y gradiente medio menor 30 mmHg. Grupo II: 297 pacientes, que se sometieron a recambio valvular aórtico con área valvular menor 0.75 cm2, fracción de eyección menor del 50%, y gradiente medio menor de 35 mmHg. Grupo III: 89 pacientes que no recibieron recambio valvular, con área valvular menor 0.75 cm2, fracción de eyección menor 35% y gradiente medio menor de 30 mmHg. Al comparar el grupo I y II a pesar de las peores características basales del grupo I la mortalidad perioperatoria fue similar (5.9% grupo I y 4% grupo II). Los predictores de mortalidad fueron: creatinina elevada, disfunción ventricular derecha moderada-severa, la edad avanzada, insuficiencia mitral severa y enfermedad coronaria multivaso. Las supervivencias a 1 y 4 años fueron: grupo I 82% y 75% y grupo II 92% y 82% (p=.03). Al comparar el grupo I y III, se vio que el grupo III eran mayores, mayor porcentaje de pacientes en clase NYHA III-IV, más insuficiencia mitral y más hipertensión pulmonar. La supervivencia fue marcadamente peor en el grupo III tanto sin ajustar como al ajustar las variables.

Para estudiar la insuficiencia aórtica severa, se seleccionaron 102 pacientes con fracción de eyección menor del 30% y 721 con fracción de eyección mayor del 30% que fueron sometidos a sustitución valvular aórtica. El grupo con función cardiaca severamente deprimida presentaba una mayor clase NYHA, eran mayores, mayor nivel de creatinina, y mayores parámetros de dilatación ventricular (diámetro telediastólico del ventrículo izquierdo 7.6 cm, diámetro telesistólico del ventrículo izquierdo 5.93 cm). La mortalidad a los treinta días fue antes de 1980 24% frente al 4%, entre 1980 y 1990 14% frente a 1%, y desde 1990 0% en el grupo de función severamente deprimida frente al 1% del grupo con fracción de eyección mayor del 30%. La supervivencia a 5 años fue peor en el grupo con fracción de eyección menor del 30% antes de 1980, pero no se encontraron diferencias significativas desde 1980: 84% frente al 88%. Además se constató una reducción en la masa ventricular y en los volúmenes y un aumento de la fracción de eyección, que fue progresiva durante dos años.

En otro estudio (14) se recogieron 55 pacientes con fracción de eyección menor del 30%, estenosis aórtica 20 e insuficiencia aórtica 35, de los que el 45% en clase funcional IV. Obteniéndose una mortalidad a los 30 días del 10.9%, todos estenosis aórticas. Siendo la supervivencia a 1, 2 y 5 años: Estenosis aórtica 76.1%, 68.8% y 64.2%; Insuficiencia aórtica 94.4%, 86.5% y 74.2%. Se obtuvo una mejoría significativa de la clase NYHA, la fracción de eyección y los volúmenes ventriculares. Siendo factores predictores de mortalidad: creatinina preoperatoria mayor de 1.4, diámetro telesistólico del ventrículo izquierdo mayor de 5.4 cm, cirugía coronaria concomitante y clase funcional II-IV NYHA. Se achacó la mayor mortalidad relativa del grupo de estenosis aórtica durante el primer año a ser estenosis aórticas leve-moderadas o a la hipertrofia miocárdica asociada con arritmias y muerte súbita.

En un tercer estudio (15) se seleccionaron 416 pacientes operados de sustitución valvular aórtica (estenosis aórtica 62.5%, insuficiencia aórtica 30.3%) con fracción de eyección menor del 40%. La mortalidad hospitalaria fue del 10.1%, comparado con el 4.9% de lo pacientes con fracción de eyección mayor del 40%. Los factores de riesgo de mortalidad fueron: edad mayor 70 años, diabetes mellitus, insuficiencia renal, cirugía urgente, insuficiencia cardiaca congestiva, balón intraaórtico de contrapulsación preoperatorio, fracción de eyección menor del 25%, vasculopatía periférica y enfermedad coronaria multivaso. La supervivencia a 5 años fue del 65% para la estenosis aórtica y del 70% para la insuficiencia aórtica, diferencia no significativa. Se describieron como predictores de muerte la edad, la insuficiencia renal, la cirugía cardiaca previa y la enfermedad cerebrovascular. La patología valvular no tuvo impacto significativo en el riesgo operatorio y la supervivencia a largo plazo.

2.1 Conclusiones

Todos estos estudios presentan conclusiones similares:

Los pacientes con estenosis aórtica severa, disfunción severa del ventrículo izquierdo y bajo gradiente transvalvular pueden operarse con un riesgo operatorio aceptable, y unos buenos indices de supervivencia a largo plazo.

Los pacientes con insuficiencia aórtica severa, disfunción severa del ventrículo izquierdo y dilatación ventricular deben someterse a recambio valvular con una aceptable mortalidad y supervivencia a largo plazo, que puede llegar a ser comparable a los enfermos con buena función.

3 **CIRUGÍA CORONARIA**

El tratamiento médico de los pacientes con enfermedad coronaria y función ventricular izquierda deprimida tiene muy mal pronóstico, habiendo sido el impacto de los nuevos medicamentos pobre. Franciosa y Cohn (16) describen una mortalidad anual del 25% con una supervivencia del 24% a los tres años, teniendo peores resultados que con la miocardiopatia idiopática. Este estudio coincide con otros más recientes: Louie (17) refiere una superviventcia menor del 25% a los 3 años en 54 pacientes (fracción de eyección media 22%), y Luciani (18) una supervivencia a los 5 años del 28% en 72 pacientes (fracción de eyección media, 21%).

En **estudios realizados en 1970 y 1980** la fracción de eyección menor del 30% se consideraba un factor de riesgo mayor de complicaciones y muerte tras cirugía coronaria, obteniéndose una mortalidad perioperatoria del 10 al 30% (19,20), que llevó a la idea de que con función severamente deprimida no estaba indicado realizar revascularización.

Posteriores estudios obtuvieron una supervivencia temprana mayor, con una mortalidad perioperatoria entre el 2.3 y el 5%. Indicando esto un avance en la técnica quirúrgica, la estrategia de protección miocárdica, la anestesia y el soporte farmacológico y mecánico postoperatorio. Planteándose la supervivencia a medio y largo plazo de estos pacientes.

El **grupo CASS** encontró que los índices de supervivencia en los pacientes que tenían disfunción ventricular izquierda severa fracción de eyección menor del 25%), eran del 86% al año y 69% a los 5 años entre los que se sometían a cirugía coronaria, frente al 62% y 32% respectivamente de los que eran tratados médicamente (21).

Pigott encontró que la mortalidad a los 7 años era del 66% en 133 pacientes que recivieron tratamiento médico y del 37% en 77 que se sometieron a cirugía coronaria (22).

Kron refiere una mortalidad a los 3 años del 17% en 39 pacientes que presentaban miocardiopatía isquémica y fracción de eyección menor del 30% que se sometieron a cirugía coronaria (23).

Trachiotis publicó recientemente un estudio en el que analiza la supervivencia a largo plazo en varios grupos, de acuerdo con la fracción de eyección. La mortalidad hospitalaria era del 3.8% en el grupo de fracción de eyección menor del 25%, 3.4% fracción de eyección entre 25 y 34%, 3% entre 35 y 49%, y 1.6% fracción de eyección mayor del 50%. Todos los grupos tuvieron igual incidencia de angina durante el seguimiento, pese a que los que presentaban fracción de eyección menor del 50% tenían menor porcentaje de revascularización completa. Los pacientes con fracción de eyección menor del 25% tuvieron una supervivencia a 1, 5 y 7 años de: 90%, 64%, y 49% (26).

Se ha descrito en pacientes con miocardiopatía isquémica en lista de espera de trasplante cardiaco que se someten a cirugía coronaria una supervivencia a 5 años del 80%, frente al 28% de aquellos que recibieron solo tratamiento médico (24,25).

De estos estudios y otros se ha concluido que la cirugía coronaria en pacientes con función cardiaca severamente deprimida ofrece una supervivencia mucho mayor que el tratamiento médico. Pero en todos estos estudios se establecieron criterios de selección para revascularizar solo aquellos pacientes que más se beneficiarían, tales como angina frente a clínica de insuficiencia cardiaca, demostración de isquemia reversible o viabilidad del miocardio hibernado por PET o ecocardiografía de estrés con dobutamina, interviniendo solo cuando los lechos distales de las coronarias eran buenos. A continuación se describen tres estudios que discuten estos criterios.

Kleikamp (27) ha publicado en 2003 un estudio de 908 pacientes sometidos a cirugía coronaria con fracción de eyección menor del 30%, presentándose clínica de angina en el 61% y de insuficiencia cardiaca en el 89%, teniendo el 84% enfermedad de tres vasos. Se realizó un media de 3.1 *bypass* por paciente, empleándose balón intraaórtico de contrapulsación en el 9% de los casos. Se registraron dos muertes operatorias y 18 muertes dentro de los primeros 30 días.

Se definieron como eventos adversos: muerte, insuficiencia cardiaca recurrente postoperatoria, hospitalización de causa cardiaca, implantación de sistemas de asistencia ventricular, trasplante cardiaco, y arritmias ventriculares.

El miocardio hibernado se consideró cuando las pruebas metabólicas (fluoro-18-desoxyglucose) demostraron preservación del metabolismo, y las pruebas de perfusión (N-13-ammonia) mostraron falta de perfusión en un segmento de miocardio.

La calidad de las coronarias se clasificó en tres categorías: buenas: estenosis de más del 70% o obstrucción en el segmento proximal sin estenosis distales y diámetros de más de 2mm; medianas: igual que las buenas con estenosis distales no significativas y diámetro entre 1.5 y 2 mm; y pobres: vasos con estenosis proximales y distales, con diámetro menor de 1.5 mm.

Durante el seguimiento (media de 65 meses), murieron 100 pacientes (11%), y el 20.5% desarrollaron insuficiencia cardiaca. Los predictores de supervivencia más significativos fueron: coronarias buenas o medias (principal factor), miocardio viable, revascularización completa, clase funcional preoperatoria I-III NYHA, número de *bypass*, y operación electiva. La cirugía previa, género, edad y tiempo de isquemia no fueron significativos.

Los métodos de discernir la viabilidad miocárdica fueron los test de ventriculografía con potenciación postextrasistólica, escintografía miocárdica con diferentes trazadores, PET, ecocardiografía de estrés y la RNM, basándose en la perfusión miocárdica comparada con la función metabólica o en la mejora de la función miocárdica con la estimulación.

Elefteriades publicó en 2002 su experiencia en la Universidad de Yale (28). Se registraron 188 pacientes intervenidos de cirugía coronaria con fracción de eyección menor del 30%. El 66% presentó clínica de insuficiencia cardiaca (edema agudo de pulmón en el 23%), el 70% angina, y el 25% arritmias ventriculares severas que requirieron la implantación de un desfibrilador automático implantable. Se requirió balón intraaórtico de contrapulsación en el 63.7%. El número medio de injertos fue 2.9. No se registraron muertes intraoperatorias. El 25.2% requirió soporte inotrópico en el quirófano. La mortalidad hospitalaria fue del 5.3%, siendo del 2.8% en el grupo que no estaba preoperatoriamente en unidad de cuidados intensivos.

La supervivencia a 1, 3 y 5 años fue: 87%, 77%, 60%; sin requerir ninguno de los pacientes trasplante posterior. Casi todos los pacientes estaban libres de angina, la NYHA mejoro de 3.1 de media a 1.4 y la fracción de eyección de 23.3% a 33.2%.

Plantean la siguiente actitud:

Empleo de balón intaaórtico de contrapulsación perioperatoriamente, especialmente en casos de lesión severa del tronco de la coronaria izquierda, lesión del tronco de la coronaria izquierda con oclusión total de la coronaria derecha, malos lechos distales, disfunción ventricular izquierda extremadamente severa.

Estas pautas de empleo de balón intraaórtico de contrapulsación están apoyadas por los resultados del presente estudio y por otros estudios. **Dietl et al** (29) realizó un estudio restrospectivo de 5 años analizando 163 pacientes con disfunción ventricular severa (fracción de eyección menor del 25%) sometidos a cirugía coronaria; 37 pacientes habían recibido balón intraaórtico de contrapulsación preoperatoriamente, y 126 no. La mortalidad a los 30 días fue del 2.7% en los que recibieron balón intraaórtico de contrapulsación preoperatorio y del 11.9% en los que no. Este beneficio se muestra particularmente en pacientes que se someten a reoperación, clase II-IV NYHA, infarto agudo de miocardio reciente y con lesión del tronco coronaria izquierda (30).

Realizar algún by pass a cada coronaria, evitando hacerlos en arterias secundarias subóptimas con malos lechos.

No se requieren especiales técnicas de cardioplegia.

Modo de beneficio: consideran dos modos principales de beneficio en los pacientes con disfunción ventricular severa que se someten a cirugía coronaria: reanimación del miocardio hibernado, evidente en la mejora de la fracción de eyección. El corazón se protege de infartos futuros.

No consideran ningún límite inferior de fracción de eyección, no existiendo diferencias en la supervivencia entre los pacientes con fracción de eyección entre 20 y 30% y los que presentaban entre 10 y 20%.

Al valorar la dilatación ventricular consideraron volumen telesistólico índice del ventrículo izquierdo de 100 ml como valor para diferenciar los ventrículos dilatados de los extremadamente dilatados. No encontraron diferencias significativas en la supervivencia a medio plazo, constatándose una disminución de volúmenes en el grupo con volumen telesistólico índice del ventrículo izquierdo mayor de 100 ml.

No consideraron criterio de exclusión la no existencia de angina ni la no realización de pruebas de viabilidad miocárdica o que estas fueran negativas. Al comparar el grupo con mejora de la fracción de eyección con el que no mejoró no hubo diferencias en la supervivencia; jugando un papel importante en ello el efecto protector de futuros infartos de miocardio.

Características esenciales del paciente:

Enfermedad coronaria proximal de tres vasos crítica. Si las lesiones coronarias no son severas, si no son proximales y si la enfermedad no está generalizada por el corazón, consideran que la enfermedad coronaria no será la causa de la disfunción ventricular severa.

Adecuados lechos distales: Se necesitan al menos uno o dos buenos vasos para confiar en la aplicación de cirugía coronaria en pacientes con disfunción ventricular severa. Sin adecuados lechos distales, la cirugía coronaria no rendirá beneficios suficientes; estos pacientes no tolerarían una isquemia perioperatoria residual o un infarto perioperatorio.

Contraindicaciones: cirugía coronaria previa, presentan muy malos resultados, considerándolos candidatos a trasplante cardiaco. Disfunción ventricular derecha, con fracción de eyección menor del 40% del ventrículo derecho tienen un alto riesgo quirúrgico y un pobre supervivencia.

Mickleborough, de la universidad de Toronto (31) realizó un estudio sobre 125 pacientes con fracción de eyección menor del 20% sometidos a cirugía coronaria, obteniendo un mortalidad operatoria del 4%, y una supervivencia de 90% a 1 año y del 72% a los 5 años. Empleando el balón intraaórtico de contrapulsación en el 15% de casos.

En el estudio multivariable se obtuvieron que afectaban a la supervivencia a largo plazo la edad, clase IV de la CCS, clase IV de la NYHA, y malos lechos distales. Siendo otras variables preoperatorias como angina, arritmias ventriculares, e insuficiencia mitral grado 2 o 3, sin efecto en la supervivencia.

La clase CCS mejoró de 3.2 de media a 1.3 y la NYHA de 2.2 a 1.4. Durante el seguimiento 34 de los 88 supervivientes (39%) requirió rehospitalización, 20 por causa cardiaca, ningún paciente se sometió posteriormente a trasplante, cirugía mitral o implantación de desfibrilador automático implantable.

Según describe Mickleborough en los pacientes con pobre función ventricular y dilatación ventricular es imposible, basándose en la ventriculografía preoperatoria, determinar que área del corazón se beneficiará de revascularización (miocardio hibernado) y que área ha sufrido significante cicatrización y adelgazamiento, en cuyo caso ventriculectomía parcial y reconstrucción resultaría beneficioso. Algunos centros recomiendan estudios de viabilidad preoperatoria para seleccionar los pacientes candidatos a revascularización, según los cuales los pacientes sin evidencia de diferencias flujo-metabólicas y sin áreas de discinesia se considerarían pobres candidatos para cirugía. Según Mickleborough todos los pacientes con coronarias posibles de revascularizar, pobre función ventricular y zonas de acinesia o discinesia se beneficiarían de la cirugía.

Valorando intraoperatoriamente el espesor de la pared ventricular y la contractilidad para decidir el procedimiento a realizar. Si el área en cuestión está fibrosada, delgada y no funcionante, proceden a su excisión para disminuir los volúmenes ventriculares y el estrés de la pared. Si el área acinética o discinética corresponde a una región gruesa de miocardio mezclada con fibrosis, o si se observa contractilidad al descargar el ventrículo con la circulación extracorpórea se realiza la revascularización.

La pobre visualización de los lechos distales se ha considerado contraindicación para operar este tipo de pacientes, sin embargo la pobre visualización en la coronariografía preoperatoria no se correlaciona necesariamente con una pobre calidad de los vasos distales o un revascularización incompleta durante la cirugía. En los pacientes con una pobre visualización de la descendente anterior, 24 de 25 fueron puenteadas satisfactoriamente. 14 de 16 con una mala visualización de la circunfleja, con necesidad de endarterectomía en un caso. En 41 pacientes con pobre visualización de la coronaria derecha, 38 fueron puenteadas, requiriéndose 13 endarterectomías; en general de 67 pacientes con pobre visualización de vasos la revascularización completa se realizó en todos menos en 6.

Cuatro de las cinco muertes hospitalarias ocurrieron en paciente con pobre visualización de vasos, y la supervivencia a largo plazo fue significativamente menor en este grupo, sin embargo la supervivencia de este grupo a los 5 años es del 67%. Por ello consideran inoperables solo los pacientes con fracción de eyección menor del 20% que presentan una pobre visualización o evidencia de enfermedad difusa en la distribución de los tres vasos; y no consideran necesarios para cirugía criterios de angina ni de estudios de viabilidad miocárdica.

3.1 Los volúmenes ventriculares

El papel de los volúmenes ventriculares en los pacientes con fracción de eyección severamente deprimida se valora en un estudio realizado por **Yamaguchi** (32), quien analiza 41 pacientes sometidos a cirugía coronaria con fracción de eyección menor del 30%, de los que el 93% tenían enfermedad de tres vasos, 15% lesión de tronco coronario izquierdo, 76% historia de insuficiencia cardiaca y el 39% angina inestable que requirió emplear balón intraaórtico de contrapulsación y cirugía de urgencia. La mortalidad operatoria fueron 2 casos, y las muertes tardías 6, resultando como factores de riesgo de muerte la diabetes mellitus y volumen telesistóloco índice del ventrículo izquierdo mayor de 100 ml/m2.

En el postoperatorio la fracción de eyección media mejoró del 25% al 35%, sin cambiar en los que presentaron insuficiencia cardiaca postoperatoria. Y el volumen telesistóloco índice del ventrículo izquierdo mejoró de 84 de media a 71.5, sin cambiar en los que presentaron insuficiencia cardiaca postoperatoria.

La supervivencia a los 5 años fue del 85% en el grupo con volumen telesistóloco índice del ventrículo izquierdo preoperatorio menor de 100 ml/m2, y del 53.5% en el de mayor de 100.

El 30% de los pacientes desarrollaron insuficiencia cardiaca postoperatoria, siendo factores de riesgo diabetes mellitus, insuficiencia cardiaca preoperatoria y volumen telesistóloco índice del ventrículo izquierdo mayor 100 ml/m2. Tuvieron reingresos por insuficiencia cardiaca el 8.7% si volumen telesistóloco índice del ventrículo izquierdo menor de 100 y el 31.4% si mayor. Estuvieron libres de insuficiencia cardiaca a los 5 años el 85% si volumen telesistóloco índice del ventrículo izquierdo menor de 100, frente al 31.4% si mayor.

Estos resultados apoyados en otros estudios muestran el papel de los volúmenes ventricualares en el pronóstico, y muestran que no existe relación entre la fracción de eyección preoperatoria y el desarrollo de insuficiencia cardiaca tras cirugía coronaria.

3.2 Cirugía sin circulación extracorpórea en pacientes con función cardiaca severamente deprimida

Ascione (33) realizó un estudio de 251 pacientes con fracción de eyección menor del 30%, 74 sin bomba y 176 con bomba. La mortalidad hospitalaria e infartos perioperatorios fue del 4%, obteniendo que el uso de inotropos en los intervenidos con bomba fue la única variable con significación estadística, este sería un signo indirecto de menor daño cardiaco en la cirugía coronaria sin bomba. La supervivencia fue del 90% a 1 año y del 84% a los 3 años, sin diferencias en los grupos. De acuerdo con este estudio y otros (34) la cirugía sin bomba es posible en estos pacientes con resultados similares a los con bomba.

4 VALVULOPATÍA MITRAL

La disfunción ventricular izquierda y el remodelado ventricular se acompaña frecuentemente de regurgitación mitral que acelera la evolución clínica del paciente. La insuficiencia mitral funcional ocurre a pesar de la normalidad de los velos, apareciendo frecuentemente en la fase aguda del infarto agudo de miocardio con un pronóstico adverso. En la miocardiopatía isquémica la regurgitación mitral es frecuente y se asocia con un aumento de la mortalidad independientemente del grado de disfunción ventricular (35).

En un estudio realizado en la Universidad de Michigan (40, 43) se estudiaron 1421 pacientes en clase funcional IV NYHA y fracción de eyección menor del 35%, todos recibieron tratamiento médico intensivo, 435 habían muerto en el primer año (mortalidad del 31%), la mortalidad a los 5 y 10 años fue del 50% y 75%. El predictor de muerte independiente entre estos pacientes fue la regurgitación mitral severa, siendo funcional en la mayoría de casos. La regurgitación mitral se consideró peor en términos de supervivencia que sufrir enfermedad coronaria, arritmias ventriculares o cáncer.

4.1 Aparato mitral

Los componentes del aparato mitral son la pared posterior de la aurícula izquierda, el anillo, los velos, las cuerdas tendinosas y músculos papilares, y la pared del ventrículo izquierdo.

La regurgitación mitral funcional con insuficiencia cardiaca se debe a alteraciones de la relación entre el anillo, los músculos papilares y la pared del ventrículo izquierdo durante la sístole, dando lugar a un cierre incompleto de los velos que provocaría un orificio de regurgitación mitral sistólico, habiéndose comprobado que un área del orificio regurgitante mayor de 20 mm2 aumenta la mortalidad tardía.

El remodelamiento global o regional provoca que el ventrículo izquierdo adopte una forma esférica, lo cual supone: aumento del anillo mitral, desplazamiento de los músculos papilares y restricción del movimiento de los velos, desplazándose el punto de coaptación hacia el apex ventricular, lo cual supone se pierda la zona de coaptación de los velos (8-9 mm de longitud). Estos tres mecanismos provocan el cierre incompleto de los velos, que da lugar a un orificio de regurgitación y a la aparición de la regurgitación mitral funcional. De esta forma, la disfunción del músculo papilar y el miocardio adyacente no provocaría insuficiencia mitral, apareciendo solo cuando la función del ventrículo izquierdo está globalmente deprimida. También se ha constatado que la insuficiencia mitral aparecería cuando el anillo mitral fuera de 30 a 35 mm.

En el infarto agudo de micoardio posterior la aparición de regurgitación mitral funcional es más frecuente, siendo sus mecanismos de aparición: necrosis de la pared posterior del ventrículo izquierdo, dilatación asimétrica del anillo y desplazamiento de los músculos papilares.

En el infarto agudo de miocardio anterior no se altera primariamente el anillo, apareciendo la regurgitación mitral solo cuando se desarrolla la dilatación del ventrículo izquierdo.

4.2 **Vicent Dor y el grupo RESTORE**

Vicent Dor y el grupo RESTORE han abordado la insuficiencia mitral funcional de origen isquémico en el contexto de la cirugía de reconstrucción ventricular (36, 37). Abordando en la intervención los siguientes aspectos: revascularización de las coronarias para optimizar la perfusión del músculo viable, modificar el aparato mitral, estrechando el anillo y reduciendo la distancia entre los músculos papilares desplazados, restauración de la forma ventricular y reduciendo el volumen ventricular.

De los 662 pacientes del registro RESTORE que se sometieron a restauración ventricular, 22% requirió actuación sobre la válvula mitral, en el subgrupo de volumen telesistóloco índice del ventrículo izquierdo mayor de 100 ml/m2 la incidencia de cirugía mitral fue del 27%. En el 90% de los casos se realizó cirugía conservadora mitral. Siendo la indicación principal de actuación sobre la válvula mitral la insuficiencia mitral grado 3 o mayor, y la insuficiencia mitral grado 2 con anillo mitral mayor de 35 mm.

La decisión de reparación mitral debería basarse en el ecocardiograma preoperatorio, debido a que la función mitral depende de la precarga y la postcarga, variando en circulación extracorpórea. Debiendo valorarse el grado de insuficiencia, los volúmenes ventriculares, el anillo y el desplazamiento de los papilares.

Reducción del anillo mitral: Bolling y otros, como veremos más adelante, lo han planteado como solución única de la miocardiopatía isquémica y no isquémica, obteniendo una baja mortalidad hospitalaria, pero una alta mortalidad a los 5 años, probablemente por no considerar el componente ventricular del aparato mitral. Se puede realizar vía aurícula izquierda implantando un anillo mitral protésico, o desde el ventrículo izquierdo plicando el anillo posterior. Esta última técnica se realiza desde la cara ventricular de la válvula mitral, se identifica el trígono fibroso posteromedial y con una sutura de poliéster 2/0 con un parche se aplica desde la cara ventricular a la auricular, las dos agujas hacen una sutura continua alrededor del anillo hacia el trígono anterolateral, en el que se pasan las dos agujas a la cara ventricular y se pasan por un teflón y se anudan controlando el estrechamiento del anillo con un tallo de Hegar introducido en el orificio mitral.

Realineación de los papilares: tras la ventriculotomía, si los papilares están desplazados, la distancia entre la inserción de los papilares se puede acortar, con sutura directa plicando (Nair et al, 38) o con el punto de Fontan de la restauración ventricular (Menicanti y Di Donato, 39). El punto de Fontan recorre el apex, septo medio, pared anterior, pared lateral cerca de la base de los papilares y apex, consiguiendo reducir el tamaño ventricular y plicar la base del ventrículo entre los papilares, acortando la distancia entre estos. Si la sutura circunferencial está lejos de la base de los papilares se puede emplear un punto en U entre las bases de los papilares apoyado en teflon.

Restauración ventricular según las diversas técnicas descritas más adelante.

En el **infarto de miocardio inferior** el planteamiento cambia levemente, debiéndose abordar todos los puntos descritos.

La reducción del anillo se puede realizar igualmente vía aurícula izquierda implantando un anillo mitral protésico, o vía ventricular tras la ventriculotomía mediante una sutura que plique el anillo.

La realineación de los papilares se realizaría mediante sutura plicando la distancia entre la base de los papilares.

La restauración ventricular como veremos más adelante se podría realizar mediante sutura directa de la pared lateral al septo, o mediante un parche triangular, en cuyo caso no requeriría anillo mitral, porque la base del triángulo estrecharía el anillo.

4.3 Universidad de Michigan

Alternativamente a este planteamiento de corregir la insuficiencia mitral funcional de la insuficiencia cardiaca isquémica en el contexto de la restauración ventricular han surgido otros planteamientos de cirugía de la insuficiencia mitral como veremos a continuación; existiendo posturas contradictorias en lo que respecta a la cirugía de la insuficiencia mitral isquémica.

Bolling, de la Universidad de Michigan (40), se planteó el problema de la insuficiencia mitral en la insuficiencia cardiaca, centrándose en la dilatación del anillo, pretendiendo forzar la zona de coaptación, extendiendo su longitud de 8-10 mm a 12-17 mm. Para ello seleccionó 145 pacientes, con una fracción de eyección media de 16% (rango: 6-26%), todos en clase funcional IV, y con insuficiencia mitral severa grado 4. El 50% idiopáticas y el 50% isquémicas. Todos se sometieron a test de dobutamina y muchos tenían cirugía coronaria previa.

Empleando un anillo flexible completo de menor tamaño fijado con un gran número de puntos. Al principio midieron la distancia entre los trígonos para decidir el anillo reduciendo no o dos tamaños, posteriormente emplearon el menor anillo disponible. Las reoperaciones se realizaron por toracotomía derecha a corazón latiendo. Se realizó cirugía tricuspídea en un tercio de casos. Con el anillo de menor tamaño en la válvula mitral se coseguiría corregir la insuficiencia mitral y cambiar la geometría ventricular retornando a su forma elíptica.

Resultados: una muerte intraoperatoria, balón intraaórtico de contrapulsación en 10% de casos (mayoría preoperatorio), empleo de milrinona en todos los casos preoperatoriamente. No se observó regurgitación residual en el postoperatorio, y solo un caso de estenosis mitral. La mortalidad a 30 días fue del 4.8%, siendo la supervivencia a 1, 2 y 5 años del 82%, 71%, 57%. Todos los supervivientes se encuentran en clase funcional I o II, La fracción de eyección pasó de 16 a 26% a los dos años, volumen telediastólico de 281 ml a 206 ml, y el índice de esfericidad ventricular disminuyó.

4.4 Calafiore

Calafiore (41) ha publicado recientemente un estudio en el que se compara la reparación y la sustitución valvular en 49 pacientes (12 idiopáticos, 37 isquémicos). Con fracción de eyección menor del 35%, volumen telediastólico del ventrículo izquierdo mayor de 110 ml/m2 e insuficiencia mitral grado 2 o mayor. 51% en clase IV NYHA y 49% en clase III.

Se realizó recambio valvular en 20 casos, resecando solo un triángulo del velo anterior, y conservando el aparato subvalvular. Los otros 29 pacientes se sometieron a anuloplastia, empleándose en 10 pacientes una tira de pericardio entre los dos trígonos para reducir el anillo y en 19 pacientes una técnica De Vega-like. Además se realizó cirugía coronaria en 17 pacientes y cirugía tricuspídea en 17.

Observaron que el MVCD (*mitral valve coaptation depth*), distancia entre el anillo y el punto de coaptación de los velos, estaba relacionado con el índice de esfericidad, la fracción de eyección y el anillo; obteniendo que si era mayor de 10 mm al realizar anuloplastia recidivaba la insuficiencia mitral, optando en estos casos por recambio valvular.

Resultados: mortalidad a los 30 días del 4.1%, supervivencia a 1, 3 , 5 y 10 años: 90%, 87%, 78%, 73%. La supervivencia a los 5 años era similar en isquémicos e idiopáticos. Los volúmenes ventriculares y la fracción de eyección no mejoraron significativamente pero la clase NYHA mejoró de 3.5 a 2.1 de media (significativo).

4.5 Universidad de Leipzig

Gummert de la Universidad de Leipzig (42) ha publicado sus resultados en 66 pacientes con fracción de eyección menor del 30% (idiopática 53, isquémica 13) e insuficiencia mitral significativa.

Se empleó un anillo flexible de menor tamaño (media 28 mm), requiriéndose otras técnicas reparadoras mitrales en 4 casos.

La mortalidad a 30 días fue del 6.1%. La supervivencia a 1 y 5 años fue del 86% y 66%, durante el seguimiento 7 pacientes se trasplantaron por no mejoría, sin encontrarse factores predictores.

La insuficiencia mitral pasó de grado 3+/- 0.5 properatoria a 0.7 +/-0.7, que se mantuvo en la mayoría de pacientes. La clase NYHA mejoró de una media de 3 a 2, independientemente de la edad. La fracción de eyección mejoró del 25% al 31%. El diámetro telediastólico del ventrículo izquierdo disminuyó de 69 a 65 mm.

No hubo diferencias al comparar grupos de sexo o fracción de eyección preoperatoria.

Al dividir los pacientes por subgrupos de edad, la supervivencia a 5 años fue del 46 +/-16% en los pacientes mayores de 60 años, y 82 +/- 7% en los menores de 60.

La supervivencia actuarial y libertad de eventos (trasplante cardiaco) a los 2 años fue del 62+/-14% y 62+/-14% en los isquémicos y del 79+/- 6% y 73+/-7% en los idiopáticos.

Estos datos demostrarían que los pacientes mayores de 60 años y con miocardiopatía isquémica los resultados de la anuloplastia mitral son inferiores, sin embargo la mejoría clínica fue similar, por lo que no consideran criterio de exclusión la edad ni el origen isquémico.

4.6   Szalay

Szalay (44) ha publicado los resultados de 121 pacientes (30 dilatadas, 91 isquémicos) con fracción de eyección menor del 30% e insuficiencia mitral grado 2 o mayor, sometidos a anuloplastia mitral usando un anillo flexible posterior. El 86% de los isquémicos recibieron también revascularización coronaria.

La mortalidad a 30 días fue del 6.6%, sin diferencias entre los idiopáticos y lo isquémicos. La mejoría NYHA fue similar en ambos grupos de 3.2 a 1.7. La supervivencia a 2 años fue del 93% en los idiopáticos y del 85% en los isquémicos, sin diferencias significativas.

Los factores de riesgo para fallo de la regurgitación mitral (grado 2 o mayor tras 1 año, 3.5% de casos) fueron: clase IV NYHA preoperatoria en los idiopáticos; y función ventricular disminuida, infarto agudo de miocardio inferior previo, anillo grande y fallo renal preoperatorio en los isquémicos.

Los factores de riesgo de muerte fueron anillo grande y gran diámetro telediastólico del ventrículo izquierdo preoperatorio en los idiopáticos, y uso postoperatorio de balón intraaórtico de contrapulsación, fallo renal y gran diámetro telesistólico del ventrículo izquierdo preoperatorio en los isquémicos.

En las conclusiones consideran que la cirugía coronaria ayudó a mejorar en el grupo de los isquémicos la fracción de eyección y los volúmenes ventriculares. Y que los volúmenes ventriculares aumentados preoperatorios al ser un factor de riesgo de mortalidad, pudiera ser un indicador de imposibilidad de mejoría ventricular tras la corrección de la insuficiencia mitral.

4.7   Miocardiopatía isquémica y regurgitación mitral

El papel de la cirugía de la regurgitación mitral en la miocardiopatía isquémica permanece aún en discusión, aunque está bien aceptado que la insuficiencia mitral severa se debe corregir, existen controversias en los grados moderados, así lo hemos visto en los artículos ya comentados. Elefteriades (28) considera que la reparación mitral no es necesaria incluso en las regurgitaciones mitrales moderadamente severas sometidas a cirugía coronaria con disfunción ventricular severa. Otros autores como Dor, Bolling, Calafiore, Gummert y Szalay sí incluyen las insuficiencias mitrales isquémicas en sus series; llegando a considerar Calafiore y Szalay el grado 2 de insuficiencia mitral como criterio de cirugía mitral; y en el artículo de Gummert aunque obtenía peores resultados en los isquémicos seguía considerándolos candidatos a cirugía por la mejoría clínica conseguida.

Prifti (45) analizó retrospectivamente 99 pacientes isquémicos con fracción de eyección 17-30%, y regurgitación mitral grado 2 y 3. Los volúmenes medios eran: diámetro telesistólico del ventrículo izquierdo 51, diámetro telediastólico del ventrículo izquierdo 67. 49 pacientes (grupo I) habían sido sometidos a cirugía mitral y coronaria, y 50 (grupo II) a cirugía coronaria. No había diferencias significativas entre los dos grupos.

El número de *bypass* medio fue 2.6 en el grupo I y 2.8 en el grupo II. En el grupo I se realizaron 6 (12%) recambios valvulares conservando el velo posterior, y 43 (88%) reparaciones, empleando un anillo de Carpentier en 37 casos.

No hubo diferencias en la mortalidad hospitalaria: 10% en grupo I frente al 12% del grupo II. Hubo más complicaciones postoperatorias en el grupo II: fallo cardiaco, necesidad de inotropos y fibrilación auricular. Mejoró la fracción de eyección, diámetro telediastólico, presión telediastólica y diámetro telesistólico del ventrículo izquierdo en grupo I; y solo mejoró, y en menor grado, la fracción de eyección y diámetro telediastólico en grupo II. La fracción regurgitante mitral disminuyó en el grupo I pero no en el II. La clase NYHA postoperatoria media fue 1.4 en grupo I y 2.6 en grupo II.

La supervivencia a 1, 2 y 3 años fueron: grupo I: 89%, 87%, 79%; grupo II: 82%, 72%, 61%.

4.8 Planteamiento general

Dreyfus (46) publicó en 2000 un articulo de revisión de la cirugía mitral en la miocardiopatía, en la que plantea la siguiente actitud:

Enfermedad valvular mitral primaria: en los casos de enfermedad reumática la reparación da los peores resultados, considerando el recambio valvular como el tratamiento de elección. En los casos de insuficiencias mitrales de origen degenerativo la reparación ha mostrado excelentes resultados a medio y largo plazo; considerándose la intervención cuando la insuficiencia mitral alcanza los grados 3 a 4 y diámetro telesistólico del ventrículo izquierdo los 40 mm.

Insuficiencia mitral isquémica: excluyendo los casos agudos, las posibilidades de reparación las consideran excelentes, pudiéndose conseguir en la mayoría de casos mediante un anillo protésico, realizándose cuando la insuficiencia mitral es grado 3 ó 4. Considerando la ecocardiografía de estrés con dobutamina como una ayuda a inclinarse a la cirugía cuando la regurgitación mitral aumenta con el estrés. También consideran menos seguros los resultados a largo plazo debido al papel de la enfermedad coronaria y el miocardio viable.

Insuficiencia mitral secundaria: en el contexto de la miocardiopatia dilatada. Considera dos opciones: la reparación mitral aislada (Bolling), y la reparación mitral asociada a remodelamiento ventricular (Batista). Comenta que el planteamiento de Bolling de reducir el anillo mitral para conseguir la competencia de los velos puede suponer un aumento de la tensión en la base del ventrículo izquierdo, limitando su contracción, considerando como alternativa la técnica de Alfieri, creando un doble orificio mitral al suturar el punto medio del borde libre del velo anterior y posterior.

Considera la reparación aislada la mejor opción en los casos de regurgitación mitral severa con ventrículo izquierdo moderadamente dilatado. Y la cirugía de remodelado ventricular en los casos de ventrículo izquierdo extremadamente dilatados y cuando el estudio preoperatorio muestra posibilidad de recuperación.

5 RECONSTRUCCIÓN VENTRICULAR

Existe confusión sobre qué constituye miocardio viable tras el infarto, aunque la superficie de dicho músculo pueda parecer normal, la contribución de un segmento infartado a la eyección cardiaca es muy limitada. Revascularización en esa zona supone que se recupere la función solo en el 25 % de casos y de manera muy marginal (11). La expansión de los volúmenes ventriculares ocurre a los 3 años en el 20% de los pacientes que sufre un infarto agudo de miocardio (47), y esto está directamente relacionado con el riesgo de muerte; de forma que crece exponencialmente la mortalidad si el volumen telesistólico índice del ventrículo izquierdo es mayor de 25+/-10 ml/m2 tras un IAM (48), y un volumen telesistólico índice del ventrículo izquierdo mayor de 40 ml/m2 se ha demostrado asociado con una mayor incidencia se ingresos por insuficiencia cardiaca y muertes durante el primer año (49); estos datos están en consonancia con los de Yamaguchi´s (32).

La terapia convencional de la miocardiopatía isquémica era la revascularización coronaria con o sin reparación de la insuficiencia mitral, entre los pacientes con fracción de eyección menor del 35% se ha observado una mortalidad a los 5 años del 30% y a los 10 del 60% (26).

La insuficiencia cardiaca es la consecuencia, en estos pacientes, de la dilatación ventricular postinfarto, de forma que el ventrículo se hace más esférico, pudiendo aparecer insuficiencia mitral. Así que afrontar quirúrgicamente esta patología debería incluir la revascularización coronaria, reparación de la insuficiencia mitral y restauración de la arquitectura normal del ventrículo.

Tras un infarto de miocardio se produce una pérdida de la contracción de la pared ventricular (asinergia), que si es transmural causa una discinesia (un aneurisma), y si es parcial una acinesia. El abordaje quirúrgico de esta patología se inició por **Cooley** (50) en 1958 mediante resección del aneurisma y sutura directa, con una baja mortalidad operatoria, pero unos pobres resultados, que hacen se llegue a la conclusión que la cirugía de los aneurismas ventriculares no mejoraba la función cardiaca. **Vicent Dor** en 1984 aborda esta patología mediante el empleo de un parche intraventricular y revascularización coronaria. **Jatene** (51) realiza la reducción circular externa con plicamiento del septo aquinético, usando un parche en el 10% de casos y revascularización coronaria en el 20%. **Cooley** (52) refiere la endoaneurismorrafia en 1989 y **Mickleborough** (53) el cierre linear modificado en 1994.

Tras un infarto de miocardio trasmural sin reperfusión la zona necrótica es homogénea y se sigue de fibrosis, el resto del miocardio sufre un proceso lento de hipertrofia y posterior dilatación, mediado por mecanismos neurohormonales, simpáticos y de sobrecarga de volumen. Con la trombolisis y angioplastia no ocurre la necrosis trasmural, pero sí del subendocardio y miocardio medio, por lo que se objetiva miocardio sano en la superficie cardiaca con la prueba de viabilidad con talio, pero una zona acinética en la ecocardiografía y ventriculografía que se ve tras realizar la ventriculotomía.

5.1 Vicent Dor

Vicent Dor propone en 1984 la plastia con parche circular endoventricular (EVCPP, *endoventricular circular patch plasty*). La cual aplica a zonas acinéticas y discinéticas. La decisión de abordar la insuficiencia cardiaca de un paciente con ventrículo dilatado mediante la restauración ventricular se realiza preoperatoriamente basándose en la ecocardigrafía, la RNM o la ventriculografía, siendo esencial medir los volúmenes ventriculares, que se han visto tener más valor predictivo de supervivencia que la fracción de eyección.

Con el corazón parado se procede a las siguientes **fases** (54):

Revascularización coronaria. De todos los vasos enfermos en la zona remota contráctil y de la zona infartada. Se realizó en el 97% de los pacientes de la serie.

Apertura del ventrículo izquierdo, en el centro de la zona deprimida, paralelo a la arteria descendente anterior, se inspeccionan los segmentos no viables, se extraen los trombos y se diseca el endocardio cicatrizado, que se reseca si está calcificado o se han constatado arritmias ventriculares espontáneas o inducibles, acompañado de crioterapia. La incidencia de taquicardias ventriculares espontáneas fue del 13% y de inducibles el 25%.

Cirugía mitral, vía auricular izquierda o ventricular, empleándose diversas técnicas de cirugía conservadora: anuloplastia, cuerdas de goretex, Alfieri. En los casos de necrosis de todo el músculo papilar posterior se realiza recambio valvular. Se realiza en las insuficiencias mitrales grado 3 o mayor y en las grado 2 con anillos mayores de 35 mm. 25% de los pacientes.

Reconstrucción ventricular: sutura continua de monofilamento del 2/0 a lo largo del plano existente entre la fibrosis y el músculo sano (punto de Fontan). Esta sutura ayuda a restaurar la curvatura del miocardio, determinando el tamaño del ventrículo y la orientación del parche, al formal un oval de 2x3 cm o 3x4 cm. Debe de tenerse cuidado de no crear una cavidad muy pequeña, pudiendo emplearse un balón introducido en el ventrículo izquierdo que es inflado a la teórica capacidad diastólica del ventrículo izquierdo del paciente (40-50 ml/m2 de superficie corporal).

Un **parche** de Dacron se talla para cerrar el cuello creado, mediante una sutura continua. Tiene las ventajas, frente al cierre directo, de disminuir la tensión de la sutura, hacer hemostasia y disminuir la formación de trombos. Se empleó un parche de pericardio en el 30% de los pacientes.

Las zonas ventriculares exluidas son resecadas o suturadas juntas sobre el parche, con un fin hemostático.

Localización posterior o posterolateral: se emplea un parche triangular.

5.1.1 Resultados

Cambio de la forma del ventrículo izquierdo en la ventriculografía postoperatoria, retornando a la forma normal.

Mejoría de la función sistólica y diastólica.

Se controlaron las taquicardias ventriculares en el 90 % de los pacientes que las presentaban en el postoperatorio inmediato y tras 1 año.

Se sometieron a esta técnica 1011 pacientes con 76 muertes hospitalarias (7.5%). Los pacientes con fracción de eyección menor del 30% tienen una mortalidad del 13% (44 de 341), entre 30 y 40% de 6.9%, y mayor del 40% de 1.3%.

Los casos con asinergia de más del 50% presentaban una fracción de eyección menor del 30%, volumen telediastólico índice mayor de 150 ml/m2, y volumen telesistólico índice mayor 60 ml/m2, con una incidencia de taquicardias ventriculares del 50%, existiendo un mayor riesgo de dejar una cavidad pequeña y requiriendo el empleo de parches mayores. Este grupo de pacientes tuvo una mortalidad hospitalaria del 12.5% y una supervivencia a los 10 años del 50%.

5.1.2 Resultados a largo plazo

Di Donato (56) ha estudiado los resultados a largo plazo de 207 pacientes intervenidos por la técnica de Dor. Las principales indicaciones para cirugía fueron disfunción ventricular, angina y taquicardias ventriculares. El número medio de *bypass* fue 1.9 +/-1. Se realizó reparación mitral en 12 casos.

Durante el seguimiento de 39+/-19 meses hubo 27 muertes y 3 trasplantados. La supervivencia a 1, 2 y 5 años fue: 98%, 95.8%, y 82%.

Las causas de muerte tardía fueron insuficiencia cardiaca (16 casos), muerte súbita (8 casos) y otras (3).

La fracción de eyección mejoró de 35+/-13 de media a 48+/-12%, el volumen telediastólico índice de 166+/-77 a 86+/-34 ml/m2, y el volumen telesistólico índice de 112+/-64 a 46+/-26 ml/m2.

Los **predictores de mortalidad independientes** fueron: clase funcional NYHA, la fracción de eyección, volumen telesistólico índice mayor de 45 ml/m2, asinergias remotas. Siendo la clase NYHA el mayor predictor. Los pacientes en clase II-IV (57% de casos) tenían una supervivencia a los 5 años del 60%. Con fracción de eyección menor del 30% (39% de casos) una supervivencia a los 5 años del 65%. Y los que volumen telesistólico índice >120 ml/m2 (35%) del 68%.

Las asinergias remotas en un paciente con infarto anterior, supone la oclusión previa de la coronaria derecha o la circunfleja. Se observaron en 14 pacientes y tuvieron una mortalidad a los 2 años del 48%. Por lo que se consideran indicación de trasplante cardiaco.

Las taquicardias ventriculares espontáneas o inducibles se trataron mediante endocardiectomía y crioterapia; pasándose de un 46% de pacientes con taquicardias ventriculares inducibles a un 7.1%, a este resultado contribuyeron también la disminución de los volúmenes ventriculares y la revascularización completa.

5.2 Grupo RESTORE

A raíz de los resultados de Vicent Dor se formó el grupo RESTORE, en el que una serie de centros internacionales han desarrollado estos principios y corroborado los resusultados. (54).

Se realizó en 662 pacientes con miocardiopatía dilatada de origen isquémico y anormalidades del movimiento septal o anteroapical, la mayoría en clase funcional IV NYHA. No se realizó estudio de viabilidad en ninguno de los casos.

Se realizó la cirugía coronaria y la reparación mitral, cuando procedían, en parada cardiaca, realizándose la restauración ventricular en parada cardiaca o a corazón latiendo. Este modo permite delinear los márgenes de contractilidad, siendo especialmente útil para definir la extensión de la exclusión septal. El parche se fijó mediante sutura continua o a puntos sueltos y no se usó en una minoría de casos.

5.2.1 Resultados

Se intervinieron 662 pacientes, 66% con acinesia y 34% con discinesia. Se realizó cirugía coronaria en 92% de casos, reparación mitral en 22%, y recambio valvular mitral en 3% (20 pacientes). La cirugía mitral fue más frecuente en corazones más dilatados: 27.1% si el volumen telesistólico índice>100, 19.3% si 50-100 y 10.3% si <50. Y en aquellos con la fracción de eyección mas deprimida: 36.8% si fracción de eyección<22%, 28% si 22-29%, 16.1% si 30-35% y 6.3% si fracción de eyección>35%. Los pacientes con acinesia tenían mayores volúmenes telesistólico índice (116 frente a 87).

La mortalidad hospitalaria fue del 7.7%; siendo del 8.1% en los que se sometieron a cirugía mitral. En series con recambio valvular mitral la mortalidad subió hasta el 25%, por lo que se ha considerado contraindicación. Se requirió balón intraaórtico de contrapulsación en 8.4%.

La fracción de eyección mejoró del 29.7+/-11.3% al 40+/-12.3%. El volumen telesistólico índice mejoró del 96+/-63 al 62+/-39. (valor normal del volumen telesistólico índice es 24 +/-10 ml/m2).

Se empleó la técnica a corazón latiendo en el 40.5% de casos, con una mortalidad hospitalaria del 6.1%, frente al 9.3% de a corazón parado, la diferencia no fue estadísticamente significativa, pero hay que considerar que los pacientes en que se realizó a corazón latiendo eran de mayor riesgo.

La supervivencia a los 3 años fue del 89.4%. La relación entre la supervivencia y la fracción de eyección y volumen telesistólico índice fue no linear. La cirugía mitral no afectó a la supervivencia. Fue menor en los acinéticos (87% frente al 90%), pero la diferencia no fue estadísticamente significativa.

Se encontraron libres de ingreso a los 3 años el 88.7% (el 55% de los pacientes con insuficiencia cardiaca ingresan en un plazo de 6 meses).

Se encontraron que eran **factores de riesgo de muerte**: la edad mayor de 70 años, volumen telesistólico índice mayor de 80 ml/m2, fracción de eyección menor del 22% y la sustitución valvular mitral.

La exclusión de la zona del infarto se vio que mejoró la función sistólica en el miocardio remoto a la cicatriz anterior.

5.3 Cambios morfológicos tras la técnica de Dor

Di Donato (55) estudió los cambios morfológicos del ventrículo izquierdo en 44 pacientes sometidos a la técnica de Dor, mediante ventriculografía preoperatoria, postoperatoria y tras 1 años. Comprobó que la reducción de volúmenes y el aumento de la fracción de eyección se mantenían tras 1 año. Observó que se acortaba el eje mayor pero no el menor, resultando un ventrículo izquierdo esférico en diástole; pero había aumentado la contractilidad del eje menor y la forma sistólica del ventrículo era más elíptica.

Tras 1 año había aparecido insuficienca mitral en el 38% de los pacientes (17 de 44), existiendo preoperatoriamente solo en 5 (se corrigió en la operación en 4 de ellos). Los pacientes que desarrollaron insuficiencia mitral tenían mayores volúmenes telediastólico índice y volumen telesistólico índice y mayor esfericidad diastólica preoperatoria. Por lo que recomienda realizar ecocardiografía trasesofágica preoperatoria para valorar la válvula mitral y llevar a cabo la reparación mitral en todos los pacientes con ventrículos muy dilatados, volumen telesistólico índice mayor de 150 ml/m2.

5.4 Optimización de la forma ventricular en la reconstrucción

La técnica de Dor convencional consiste en excluir toda la zona no contráctil, resulta en la colocación de un parche paralelo al plano del aparato mitral, creando un ventrículo globular. Para conseguir un ventrículo elíptico se han propuesto diversos métodos (56):

Plicar mediante sutura endoventricular el segmento dilatado de la pared inferior; insertando la sutura de Fontan alta en el septum. Este método es principalmente útil en el infarto de la descendente anterior distal, que abarca todo el apex.

Cierre directo tras la sutura de Fontan. Cuando solo afectada la pared anterior.

Empleo de un parche largo y estrecho (1x3-4 cm).

Técnica de Jatene: serie de suturas circunferenciales plicando en la unión de la zona contráctil y no contráctil. Más útil en aneurismas de pared fina; requiriéndose un parche en defectos largos (15% casos). Deja la cicatriz del infarto dentro del nuevo apex.

Suturas de Fontan secuenciales para excluir el segmento no contráctil.

Orientar el parche oblicuamente en la técnica de Dor. Principalmente en infartos que abarcan el apex, septo y pared lateral. Pueden retenerse zonas de cicatriz lateral, y atar el parche alto en el septo, incluso en zona de tejido sano.

5.4.1 Resultados

El grupo RESTORE empleó estas técnicas en 256 casos, sin mejorar los resultados de mortalidad hospitalaria ni de supervivencia a los 3 años; quizá porque en la técnica de Dor clásica como describe Di Donato se adopta una forma elíptica en sístole, por el mayor acortamiento del eje corto.

5.5 Reconstrucción de la pared inferior

La coronaria derecha suple la base, una porción de la pared lateral, y una porción del septo, resultando su oclusión en un segmento triangular de necrosis.

La ventriculografía preoperatoria define las áreas de músculo no funcionante y guía la indicación quirúrgica. La exclusión de un segmento triangular acinético mejoraría el tamaño y la forma de áreas funcionales remotas. La apariencia visual es útil solo cuando se presenta un infarto transmural (infrecuente actualmente). La palpación en la técnica a corazón latiendo también nos permite definir el segmento no contráctil.

Una pequeña cicatriz delgada puede ser reparada mediante una sutura plicando directamente, que aproxima los bordes de la cicatriz fibrosada. Si el músculo epicárdico parece normal, se requiere un parche para no suturar sobre músculo friable (56).

5.5.1 Técnica quirúrgica

Se emplea la canulación bicava para mejorar el retorno venoso, realizando a corazón parado la revascularización coronaria y la cirugía mitral, pudiendo realizarse la reconstrucción ventricular a corazón parado o latiendo. La protección miocárdica con cardioplegia es empleada por Menicanti y Dor y es más útil cuando existen áreas de cicatriz transmural. Athanasuleas prefiere la técnica a corazón latiendo para la implantación del parche, porque permite localizar los segmentos no contráctiles; siendo además de utilidad en los pacientes con infartos anteriores con la función sistólica severamente deprimida. Rotar el corazón hacia arriba para exponer la cara inferior puede causar insuficiencia aórtica durante la técnica a corazón latiendo, que imposibilita la visibilidad, requiriendo clampar la aorta y mantener la perfusión del corazón a través del seno coronario y los injertos.

Incisión longitudinal en el ventrículo izquierdo 2-3 cm lateral a la arteria descendente posterior. Extendiéndose hacia el apex, en el lado septal del músculo papilar.

Cierre directo. Realizado por Menicanti en 60 pacientes. Especialmente útil cuando hay una cicatriz trasmural con una pared fina. El cierre directo deja algunos segmentos no contráctiles en el ventrículo, porque la sutura de la base se haya a 1.5 cm de la zona de retriangulación del cierre con parche. Se evita dejar una zona no contráctil (el parche).

Cierre con parche. Se realiza una sutura de retriangulación similar a la sutura de Fontan mediante tres monofilamentos de 2/0 en base, septo y pared lateral, que estrecha el segmento triangular de necrosis y permite anclar el parche triangular a puntos sueltos en U apoyados; seguido de una sutura continua para coaptar las paredes del aneurisma.

5.5.2 Resultados

La restauración inferior se realizó en 80 pacientes a corazón parado y en 13 a corazón latiendo. La mortalidad quirúrgica fue del 15%. En los pacientes que se realizó cirugía mitral fue del 18%

La fracción de eyección mejoró del 35+/-10% al 39+/-10%, volumen telediastólico de 210+/-70 ml a 155+/-53 ml, y volumen telesistólico de 136+/-62 ml a 97+/-45 ml.

5.6 Mickleborough

Mickleborough (58,59) plantea el remodelado ventricular desde otro punto de vista:

En los pacientes con la función ventricular deprimida, haya o no dilatación ventricular, si se identifican zonas de pared con movimiento anómalo y se demuestra que son finas, consideran ese segmento subsidiario de resección.

No considera la resección, incluso en ventrículos dilatados, si no se demuestra el adelgazamiento de la pared ventricular. Revascularizan esa zona esperando reclutar el miocardio hibernado.

La ventriculografía aporta información para identificar las zonas de acinesia y discinesia, pero no informa sobre el espesor de la pared, cosa que si hace la RMN.

Consideran que la insuficiencia mitral podría ser producida por la isquemia de los papilares, que mejoraría tras la revascularización, o por el remodelado ventricular de la insuficiencia cardiaca, que mejoraría tras la resección de las zonas acinéticas y discinéticas. Por lo que solo en casos seleccionados realizan cirugía mitral en estos pacientes.

5.6.1 Técnica

Realizan *bypass* cardiopulmonar, evitando inserción de vent, que puede desprender trombos ventriculares.

Si el área del infarto consiste de una mezcla de miocardio viable y cicatriz, valoran el espesor de la pared introduciendo un aguja, tras confirmar el adelgazamiento de la pared realizan una pequeña incisión, se extraen los trombos, y a corazón latiendo palpan la pared ventricular, considerando para resección toda la pared delgada no contráctil.

Cierre linear modificado, plicando la línea de incisión en el cierre.

En los casos en que el septo está adelgazado se realiza una septoplastia con parche.

Revascularización coronaria.

5.6.2 **Resultados**

196 pacientes intervenidos según estos principios. Los pacientes con disfunción ventricular derecha severa o hipertensión pulmonar severa se consideraron contraindicados para cirugía. Los pacientes con insuficiencia mitral severa se consideraron contraindicación relativa.

El aneurisma fue anterior en 174 (90%) pacientes y posterior en 18. Acinesia el 57% y discinesia el 43%.

Las indicaciones para cirugía fueron: angina (56%), insuficiencia cardiaca (60%) y arritmias ventriculares (45%). La mayoría de los pacientes en clase funcional III (30%) o IV (53%). El 95% tenían fracción de eyección<40%, el 56%<20%. El 63% diámetro telediastólico>63 mm o volumen telediastólico índice>160 ml/m2.

Se realizó revascularización coronaria en el 91% delos pacientes, con 2.9 by pass por paciente. Septoplastia en el 12%. En el 7.8% de casos toda la cirugía se realizó a corazón latiendo. El 18% requirió balón intraaórtico de contrapulsación.

La mortalidad hospitalaria fue del 2.6%. El 41% se encontraban en clase I y el 38% en clase II. Hubo un incremento de la fracción de eyección del 9%.

La supervivencia a 1, 2, 5 y 10 años fue: 91%, 89%, 84% y 66%. Entre los supervivientes 5 pacientes requirieron trasplante cardiaco.

Fueron predictores de pobres resultados a los 5 años la insuficiencia mitral grado 2 o mayor, síntomas de insuficiencia cardiaca y taquicardias ventriculares. No hubo diferencias en la supervivencia entre los acinéticos y los discinéticos.

5.7 **Miocardiopatía dilatada no isquémica**

Hay muchas causas específicas y no específicas de miocardiopatía no isquémica: sobrecarga de volumen debido a valvulopatía (insuficiencia mitral e insuficiencia aórtica), idiopática, viral, miocarditis, alcohol, hipertensión, sarcoidosis...

En los pacientes con ventrículo izquierdo globalmente dilatado, se considera terminal cuando es refractario al tratamiento médico, con fracción de eyección deprimida, hipertensión pulmonar e insuficiencia mitral funcional.

5.7.1 Batista

Batista (60) introdujo la ventriculectomía izquierda parcial como tratamiendo de la miocardiopatía dilatada no isquémica para mejorar la función ventricular reduciendo al tensión de la pared al disminuir el diámetro ventricular, basándose en la ley de Laplace. Intervino 120 pacientes en clase funcional IV con fracción de eyección<20%. A corazón latiendo realizaba una ventriculectomía de la pared lateral, en el territorio de la arteria circunfleja, provocando un infarto, que era fuente de arritmias, y reparación de la válvula mitral. Obtuvo una mortalidad a los 30 días del 22%, el 57% en clase funcional I, y una supervivencia a los 2 años del 55%.

La mayoría de los centros abandonaron esta técnica por su alta mortalidad quirúrgica, disfunción diastólica, recidiva de la insuficiencia cardiaca y arritmias ventriculares postoperatorias.

La *Cleveland Clinic Foundation* (61,62) ha realizado la técnica de Batista en 62 pacientes con miocardiopatía dilatada idiopática, con diámetro teledastólico del ventrículo izquierdo >7 cm, en lista de espera de trasplante.

Modificaron parcialmente la técnica: canulación bicava, resecaban una porción del ventrículo izquierdo en el territorio de la arteria circunfleja, empezando lateral a la descendente anterior cerca del apex y extendiéndose entre los músculos papilares hasta 2 cm del anillo mitral. Si no existía suficiente miocardo entre los dos papilares para resecar, se trasferían los papilares a un sitio próximo en la pared ventricular. La ventriculotomía se cerraba con tres capas de sutura de poliprolene del 3/0. Posteriormente paraban el corazón y vía aurícula izquierda implantaban un anillo mitral y realizaban la técnica de Alfieri.

La supervivencia a 1 y 3 años fue: 80%, y 60%. Libres de eventos (trasplante, asistencia ventricular, clase IV o muerte) a 1 y 3 años se encontraban el 49% y el 26%.

Frazier et al (63) realizó un estudio que demostró que una historia más corta de insuficiencia cardiaca suponía mejores resultados tras la ventriculectomía parcial.

Moreira et al (64) obtuvo una mortalidad hospitalaria del 20.9%, una supervivencia a los 5 años del 43.9%, y redilatación a partir de los 4 años.

Etoch et al (65), comparó la ventriculetomía parcial (16 casos) con el trasplante cardiaco (17 casos). Obteniendo una supervivencia a 1 año del 86% frente al 93% del trasplante. Constatando más insuficiencia cardiaca en el grupo de la ventriculectomía.

En la recidiva de la insuficiencia cardiaca con esta técnica probablemente intervengan: la recurrencia de la insuficiencia mitral, la dilatación del ventrículo izquierdo, una excisión excesiva que provoque una cavidad pequeña, y la retención de zonas poco contráctiles.

Suma

Un nuevo planteamiento ha sido propuesto por Suma et al (66).

Se intervinieron 82 pacientes con miocardiopatía no isquémica en insufiencia cardiaca refractaria, en clase funcional III-IV.

Se realizó **ecocardiografía intraoperatoria** en circulación extracorpórea parcial a todos los pacientes, observando que algunas zonas acinéticas se volvían cinéticas gracias a la descompresión, la información conseguida de las zonas de acinesia reversible permitió decidir si realizar una ventriculectomía lateral parcial o una exclusión septal para retener la mayor parte de músculo funcionante.

Al realizar una **ventriculectomía** no se extendía mas allá de los músculos papilares para evitar dejar una cavidad pequeña que provocara una disfunción diastólica.

La **exclusión septal ventricular anterior** (SAVE o Pacopexy) pretende conseguir un ventrículo elíptico mediante un parche endoventicular a lo largo del septo con puntos sueltos en colchonero, de forma que el septo y una parte de la pared anterior queden excluidas.

La cirugía ventricular se realizó a corazón latiendo, haciendo parada cardiaca para la anuloplastia mitral o la cirugía aórtica.

Resultados:

La mortalidad hospitalaria fue del 8.2% en la cirugía electiva (5 de 61) y del 57.2% en la de urgencias (12 de 21 casos), con una mortalidad global del 20.7%. Se requirió balón intraaórtico de contrapulsación en 12 casos. Las principales causas de muerte fueron insuficiencia cardiaca y fallo multiorgánico. La mortalidad hospitalaria disminuyó del 33.3% al 15.5% cuando se introdujo el eco intraoperatorio para decidir la zona de actuación.

La fracción de eyección mejoró del 23% al 31%, volumen telediastólico índice de 21 a 131 ml/m2 y volumen telesistólico índice de 162 a 88 ml/m2.

La supervivencia a 4 años fue del 69.3% en la cirugía electiva, todos en clase funcional I-II, y del 0% en la de urgencia.

Factores de riesgo de muerte fueron la cirugía de urgencia, la ventriculectomía parcial sin seleccinar el sitio mediante ecocardiografía intraoperatoria, y volumen telediastólico índice >180 ml/m2 preoperatorio.

6 BIBLIOGRAFÍA

1. Tavazzi L. Epidemiology of dilated cardiomyopathy: a still undetermined entity. Eur Heart J 1997;18(1): 4-6.

2. Bolling SF, Smolens IA, Pagani FD. Surgical Alternatives for Heart Failure. J Heart Lung Transplant 2001;20:729-733.

3. Cope JT, Kaza AK, Reade CC, Shockey KS, Kern JA, Tribble CG, Kron IL. A Cost Comparison of Heart Transplantation Versus Alternative Operations for Cardiomyopathy. Ann Thorac Surg 2001;72:1298-305.

4. Ingels NB Jr: Myocardial fiber architecture and left ventricular function. Technol Health Care 1997;5:45-52.

5. Sallin EA: Fiber orientation and ejection fraction in the human ventricle. Biophys J 1969;9:954-964.

6. Buckberg GD, Coghlan HC, Torrent-Guasp F. The Structure and Function of the Helical Heart and Its Buttress Weapping. VI. Geometric Concepts of Heart Failure and Use of Structural Correction. Sem Thorac Cardiovasc Surg 2001;13(4):386-401.

7. Frazier OH, Gradinac S, Segura AM, et al. Partial Left ventriculectomy: Which patients can be expected to benefit? Ann Thorac Surg 2000;69:1836-1841.

8. Spinale FG, Tomita M, Zellner JL, el al. Collagen remodeling and change in left ventricular function during developmente and recovery from supraventricular tachycardia. Am J Physiol 1991;261:H308-H318.

9. Levin HR, Oz MC, Chen JM, et al. Reversal of chronic wntricular dilatation in patients with end-stage cardiomyopathy by prolonged mechanical unloading. Circulation 1995;91:2717-2720.

10. Coghlan HC, Coghlan L. Cardiac Architecture: Gothic Versus Romanesqaue. A Cardiologist's View. Sem Thorac Cardiovasc Surg 2001;13(4):417-430.

11. Buckberg GD, Athanasuleas CL. Seeing Congestive Heart Failure With the Eyes of the Mind: A surgical View. Sem Thorac Cardivasc Surg 2001;13(4):431.434.

12. Azpitarte J, Alonso AM, García F, González-Santos J, Paré C, Tello A. Guías de práctica clínica de la Sociedad Española de Cardiología en valvulopatías. Rev Esp Cardiol 2000;53:1209-1278.

13. McCarthy PM. Aortic Valve Surgery in Patients With Left Ventricular Dysfunction. Sem Thorac Cardiovas Surg 2002;14(2):137-143.

14. Rothenburger M, Drebber K, Tjan TDT, Schmidt C, Schmidt C, Wichter T, Scheld HH, Deiwick M. Aortic valve replacemente for aortic regurgitation and stenosis, in patients with severe left ventricular dysfunction. European Journal of Cardio-thoracic Surgery 2003;23:703-709.

15. Sharony R, Grossi EA, Saunders PC, Scwartz CF, Ciuffo GB, Baumann FG, et al. Aortic Valve Replacement in Patients With Impaired Ventricular Function. Ann Thorac Surg 2003;75:1808-14.

16. Franciosa JA, Wiler M, Ziesche S, et al. Survival in men with severe chronic left ventricular failure due to either coronary heart disease or idiopathic dilated cardiomyopathy. Am J Cardiol 1983;54:831-836.

17. Louie HW, Laks H, Milgalter E, et al. Ischemic cardiomyopathy criteria for coronary revascularization and cardiac transplantation. Circulation 1991;84(Suppl):III290-5.

18. Luciani GB, Faggian G, Razzolini R, Livi U, Bortolotti U, Mazzucco A. Severe ischemic left ventricular failure: coronary operation or heart transplantation? Ann Thorac Surg 1993;55:719-23.

19. Christakis GT, Weisel RD, Fremes SE, et al. Coronary artery bypass grafting in patients with poor ventricular function. J Thorac Cardiovasc Surg 1992;103:1083-92.

20. Zubiate P, Kay JH, Mendez M. Myocardial revascularization for the patient with drastic imparment of function of the left ventricle. J Thorac Cardiovasc Surg 1977;73:84-6.

21. Alderman EL, Fisher LD, Litwin P, et al. Results of coronary artery surgery in patients with poor left ventricular function (CASS). Circulation 1988;78(Suppl 1):151-7.

22. Pigott JD, Kouchoukos NT, Oberman A, Cutter Gr. Late results and medical therapy for patients with coronary artery disease and depressed left ventricular function. J Am Coll Cardiol 1985;5:785-95.

23. Kron IL, Flanagan TL, Blackbourne LH, Schroeder RA, Nolan SP. Coronary revascularization rather than cardiac transplantation for chronic ischemic cardiomyopathy. Ann Surg 1989;210:348-54.

24. Kron IL. When does one replace the hart in ischemic cardiomyopathy? Ann Thorac Surg 1993; 55:581.

25. Luciani GB, Faggian TL, Razzolini R, Livi U, Bortolotti U, Mazzucco A. Severe ischemic left ventricular failure: cornary operation or heart transplantation. Ann Thorac Surg 1993;55:719-23.

26. Trachiotis GD, Weintraub WS, Johnston TS, Jones EL, Guyton RA, Craver JM. Coronary artery bypass grafting in patients with advanced left ventricular dysfunction. Ann Thorac Surg 1998;66:1632-1639.

27. Kleikamp G, Maleszka A, Reiss N, Stüttgen B, Körfer R. Determinats of Mid- and Long-Term Results in Patients After Surgical Revascularization for Ischemic Cardiomyopathy. Ann Thorac Surg 2003;75:1406-13.

28. Elefteriades J, Edwards R. Coronary Bypass in Left Heart Failure. Sem Thorac Cardiovasc Surg 2002;14(2):125-132.

29. Dietl CA, Berkheimer MD, Woods El, Gilbert CL, Pharr WF, Benoit CH. Efficacy and const-effectiveness of preoperative IABP in patients with ejection fraction of 0.25 or less. Ann Thorac Surg 1996;62:401-409.

30. Christenson JT, Simonet F, Schmutziger M. The effect of preopartive intraoartic balloon pump support in hig risk patients requiring myocardial revascularization. J Cardiovasc Surg 1997;38:397-402.

31. Mickleboroug LL, Carson S, Tamariz M, Ivanov J. Results of revascularization in patients with severe left ventricular dysfunction. J Thorac Cardiovasc Surg 2000;119:550-7.

32. Yamaguchi A, Ino T, Adachi H, Murata S, Kamio H, Okada M, Tsuboi J. Left Ventricular Volume Predicts Postoperative Course in Patients With Ischemic Cardiomyopathy. Ann Thorac Surg 1998;65:434-8.

33. Ascione R, Narayan P, Rogers CA, Kelvin HHL, Capoun R, Angelini GD. Early an Midterm Clinical Outcome in Patients With Severe Left Ventricular Dysfunction Undergoing Coronary Artery Surgery. Ann Thorac Surg 2003;76:793-800.

34. Arom KV, Flavin TF, Emery RW, Kshettry VR, Petersen RJ, Janey PA. Is Low Ejection Fraction Safe for Off-Pump Coronary Bypass Operation? Ann Thorac Surg 2000;70:1021-5.

35. Grigioni F, Enriquez-Sarano M, Zehr KJ, et al. Ischemic mitral regurgitation: Long-term outcome and prognostic implications with quantitative Doppler assessment. Circulation 2001;103:1759-1764.

36. Stanley AWH, Athanasuleas CL, Buckberg GD, et al. Left Ventricular Remodeling and Mitral Regurgitation: Mechanisms and Therapy. Sem Thorac Cardiovascular Surg 2001;13(4):486-495.

37. Menicanti L, Di Donato M. Surgical Ventricular Reconstunction and Mitral Regurgiation: What Have We Learned From 10 Years of Experience? Sem Thorac Cardiovascular Surg 2001;13(4): 496-503.

38. Nair RU, Williams SG, Nwafor KU, et al. Left ventricular volume reduction without ventriculectomy. Ann Thorac Surg 2001;71:2046-2049.

39. Menicanti L, DiDonato M. Surgical ventricular reconstruction and mitral regurgitation: What we have learned from 10 years experience? Sem Thorac Cardiovasc Surg 2001;13(4):493-503.

40. Bolling SF. Mitral Reconstruction in Cardiomyopathy. J Heart Valve Dis 2002;11(Suppl.1):S26-S31.

41. Calafiore AM, Gallina S, DiMauro M, Gaeta F, et al. Mitral Valve Procedure in Dilated Cardiomyopathy: Repair or Replacement? Ann Thorac Surg 2001;71:1146-53.

42. Gummert JF, Rahmel A, Bucerius J, Onnasch J, Doll N, et al. Mitral valve repair in patients with end stage cardiomyopathy: who benefits? European Journal of Cardio-thoracic Surgery 2003;23:1017-1022.

43. Badhwar V, Bolling SF. Mitral Valve Surgery in the Patient With Left Ventricular Dysfunction. Sem Thorac Cardiovasc Surg 2002;14(2):133-136.

44. Szalay ZA, Civelek A, Hohe S, Brunner-LaRocca HP, et al. Mitral annuloplasty in patients with ischemic versus dilated cardiomyopathy. European Journal of Cardio-thoracic Surgery 2003;23:567-572.

45. Prifti E, Bonacchi M, Grati G, Giunti G, Babatasi G, Sani G. Ischemic Mitral Valve Regurgitation Grade II-III: Correction in Patients with Impaired Left Ventricular Function undergoing Simultaneous Coronary Revascularization. J Heart Valve Dis 2001;10:754-762.

46. Dreyfus G, Milaiheanu S. Mitral Valve Repair in Cardiomyopathy. J Heart Lung Transplant 2000;19:S73-S76.

47. Gaudon P, eilles C, Kugler I, et al. Progressive left ventricular dysfunction and remodelling after myocardial infarction. Potential mechanisms and early predictors. Circulation 1993;87:755-762.

48. White HD, Norris RM, Browun MA, et al. End-systolic volume as the major determinat of survival after recovery from myocardial infarction. Circulation 1987;76:44-51.

49. Migrino RQ, Young JB, Ellis SG, et al. End-systolic vollume index at 90 to 180 minutes into reperfusion therapy for acute myocardial infarction is a strong predictor of early and late mortality. The Global Utilization of Streptokinase and t-PA for Occluded Coronary Arteries (GUSTO)-I Angiographic Investigators. Circulation 1997;96:116-121.

50. Cooley DA, Collins HA, Morris GC, et al. Ventricular aneurysm after myocardial infarction: Surgical excision with use of temporary cardiopulmonary bypass. JAMA 1958;167:557.

51. Jatene AD. Left ventricular aneurysmectomy resection or reconstruction. J Thorac Cardiovasc Surg 1985;89:321-331.

52. Cooley D. Ventricular endoaneurysmorrhaphy: A simplified repair of extensive postinfarction aneurysm. J Cardiac Surg 1989;4:200-205.

53. Mickleborough L, Maruyama H, Liu P, et al. Results of left ventricular aneurysmectomy with a tailored scar excision and

primary closure technique. J Thorac Cardiovasc Surg 1994;107:690-698.

54. Athanasuleas CL, Stanley AWH, Buckberg GD, Dor V, DiDonato M, Siler W. Surgical Anterior Ventricular Endocardial Restoration (SAVER) for Dilated Ischemic Cardiomyopathy. Sem Thorac Cardiovasc Surg 2001;13(4):448-458.

55. DiDonato M, Sabatier M, Dor V, Gensini GF, et al. Effects of the Dor procedure on left ventricular dimension and shape and geometric correlates of mitral regurgitation one year after surgery. J Thorac Cardiovasc Surg 2001;121:91-6.

56. DiDonato M, Toso A, Maioli M, Sabatier M, et al. Intermediate Survival and Predictors of Death After Surgical Ventricular Restoration. Sem Thorac Cardiovasc Surg 2001;13(4):468-475.

57. Menicanti L, Dor V, Buckberg GD, Athanasuleas CL, DiDonato M. Inferior Wall Restoration: Anatomic and Surgical Considerations. Sem Thorac Cardiovasc Surg 2001;13(4):504-513.

58. Mickleborough LL. Left ventricular reconstruction for ischemic cardiomyopathy. Sem Thorac Cardiovasc Surg 2002;14(2):144-149.

59. Mickleborough LL, Carson S, Ivanov J. Repair of syskinetik or akinetic left ventricular aneurysm: results obtained with a modified linear closure. J Thorac Cardiovasc Surg 2001;121:675-82.

60. Batista RJV, Verde J, Nery P, et al. Partial Left Ventriculectomy to treat end-stage heart disease. Ann Thorac Surg 1997;64:634-638.

61. McCarthy JF, McCarthy PM, Starling RC, Smedira NG, et al. Partial left ventriculectomy and mitral repair for end-stage congestive heart failure. European Journal of Cardio-thoracic Surgery 1998;13:337-343.

62. Franco-Cereceda A, McCarthy PM, Blackstone EH, et al. Partial left ventriculectomy for dilated cardiomyopathy; Is this an alternative to transplantation? J Thorac Cardiovasc Surg 2001;121:879-893.

63. Frazier OH, Gradinac S, Segura AM, et al: Partial left ventriculectomy: Which patients can be expected to benefit? Ann Thorac Surg 2000;69:1836-1841.

64. Moreira LFP, Stolf NAG, Higuchi ML, et al: Curret perspectives of partial left ventriculectomy in the treatment of dilated cardiomyopathy. Eur J Cardiothorac Surg 2000;19:54-60.

65. Etoch SW, Koenig SC, Laureano MA, et al: Results after partial left ventriculectomy versus heart transplantation for idiopathic cardiomyopathy. J Thorac Cardiovasc Surg 1999;117:952-959.

66. Suma H. Left ventriculoplasty for nonischemic dilated cardiomyopathy. Sem Thorac Cardiovasc Surg 2001;13(4):514-521.

www.ingramcontent.com/pod-product-compliance
Lightning Source LLC
Chambersburg PA
CBHW021006180526
45163CB00005B/1908